Title Information:	
Date:	
Logbook #:	
Continued from Logbook #:	
Name:	
Title:	
Address:	
City & State:	
Email address:	
Telephone #:	
Date Logbook Started	
Date Logbook Ended	
Signature	

Notes:-

TABLE OF CONTENTS

DATE	SUBJECT	PAGE#

TABLE OF CONTENTS

DATE	SUBJECT	PAGE#

TABLE OF CONTENTS

DATE	SUBJECT	PAGE#

	Date: ____/____/____	Page # 1
		Book #

	Date: ____/____/____	Page # 2
		Book #

Date:

____/____/____

Page # 3

Book #

	Date:	Page # 4
	___/___/___	Book #

	Date: ___/___/___	Page # 5
		Book #

	Date: ____/____/____	Page # 6
		Book #

	Date: ___/___/___	Page # 7 Book #

	Date: ____/____/____	Page # 8 Book #

	Date: ____/____/____	Page # 9
		Book #

	Date: ___/___/___	Page # 10
		Book #

	Date: ___/___/___	Page # 11
		Book #

	Date: ____/____/____	Page # 12
		Book #

	Date: ____/____/____	Page # 13
		Book #

	Date: ___/___/___	Page # 14
		Book #

	Date: ____/____/____	Page # 15
		Book #

	Date: ___/___/___	Page # 16
		Book #

	Date: ___/___/___	Page # 17
		Book #

	Date: ___/___/___	Page # 18
		Book #

	Date: ___/___/___	Page # 19
		Book #

	Date: ____/____/____	Page # 20
		Book #

	Date: ___/___/___	Page # 21 Book #

	Date: ___/___/___	Page # 22
		Book #

	Date: ___/___/___	Page # 23
		Book #

	Date: ____/____/____	Page # 24 Book #

	Date: ___/___/___	Page # 25
		Book #

	Date: ___/___/___	Page # 26
		Book #

	Date: ___/___/___	Page # 27 Book #

	Date: ___/___/___	Page # 28
		Book #

	Date: ___/___/___	Page # 29
		Book #

	Date: ____/____/____	Page # 30
		Book #

	Date: ____/____/____	Page # 31 Book #

	Date: ___/___/___	Page # 32 Book #

	Date: ___/___/___	Page # 33
		Book #

	Date: ___/___/___	Page # 34
		Book #

	Date: ___/___/___	Page # 35
		Book #

	Date: ___/___/___	Page # 36 Book #

	Date: ___/___/___	Page # 37 Book #

	Date: ___/___/___	Page # 38
		Book #

	Date: ___/___/___	Page # 39
		Book #

Date:

____/____/____

Book #

	Date: ____/____/____	Page # 41 Book #

Date: ___/___/___

Page # 42

Book #

	Date: ___/___/___	Page # 43
		Book #

	Date: ___/___/___	Page # 44 Book #

	Date: ____/____/____	Page # 45 Book #

	Date: ___/___/___	Page # 46
		Book #

	Date: ___/___/___	Page # 47
		Book #

	Date:	Page # 48
	___/___/___	Book #

	Date: ____/____/____	Page # 49 Book #

	Date: ___/___/___	Page # 50
		Book #

	Date: ___/___/___	Page # 51
		Book #

	Date: ___/___/___	Page # 52 Book #

	Date: ___/___/___	Page # 53
		Book #

	Date: ___/___/___	Page # 54 Book #

	Date: ____/____/____	Page # 55
		Book #

	Date: ____/____/____	Page # 56
		Book #

	Date:	Page # 57
	____/____/____	Book #

	Date: ___/___/___	Page # 58
		Book #

	Date: ___/___/___	Page # 59
		Book #

	Date: ____/____/____	Page # 60
		Book #

	Date: ___/___/___	Page # 61 Book #

	Date: ____/____/____	Page # 62
		Book #

	Date: ____/____/____	Page # 63
		Book #

	Date: ___/___/___	Page # 64
		Book #

	Date: ____/____/____	Page # 65 Book #

	Date: ____/____/____	Page # 66 Book #

	Date: ___/___/___	Page # 67
		Book #

	Date: ___/___/___	Page # 68 Book #

	Date: ___/___/___	Page # 69
		Book #

	Date: ____/____/____	Page # 70 Book #

	Date: ___/___/___	Page # 71
		Book #

Date:

____/____/____

Book #

	Date: ___/___/___	Page # 73 Book #

	Date: ___/___/___	Page # 74
		Book #

	Date: ___/___/___	Page # 75
		Book #

	Date: ___/___/___	Page # 76 Book #

	Date: ___/___/___	Page # 77 Book #

	Date: ___/___/___	Page # 78 Book #

	Date: ___/___/___	Page # 79 Book #

	Date: ____/____/____	Page # 80
		Book #

	Date: ____/____/____	Page # 81
		Book #

	Date: ___/___/___	Page # 82
		Book #

	Date: ___/___/___	Page # 83
		Book #

	Date: ___/___/___	Page # 84
		Book #

	Date: ___/___/___	Page # 85
		Book #

	Date: ____/____/____	Page # 86 Book #

	Date: ___/___/___	Page # 87
		Book #

	Date:	Page # 88
	___/___/___	Book #

	Date: ___/___/___	Page # 89 Book #

	Date: ____/____/____	Page # 90
		Book #

	Date: ___/___/___	Page # 91
		Book #

	Date: ___/___/___	Page # 92
		Book #

	Date: ___/___/___	Page # 93
		Book #

	Date: ___/___/___	Page # 94 Book #

	Date: ___/___/___	Page # 95
		Book #

	Date:	Page # 96
	___/___/___	Book #

	Date: ___/___/___	Page # 97 Book #

	Date: ___/___/___	Page # 98 Book #

	Date: ___/___/___	Page # 99
		Book #

	Date: ____/____/____	Page # 100
		Book #

	Date: ____/____/____	Page # 101 Book #

	Date: ___/___/___	Page # 102 Book #

	Date: ___/___/___	Page # 103
		Book #

	Date: ____/____/____	Page # 104 Book #

	Date: ___/___/___	Page # 105
		Book #

	Date: ___/___/___	Page # 106 Book #

	Date: ___/___/___	Page # 107
		Book #

	Date: ___/___/___	Page # 108 Book #

	Date: ___/___/___	Page # 109 Book #

	Date: ____/____/____	Page # 110
		Book #

	Date: ___/___/___	Page # 111
		Book #

	Date: ____/____/____	Page # 112
		Book #

	Date: ____/____/____	Page # 113 Book #

	Date: ____/____/____	Page # 114
		Book #

	Date: ____/____/____	Page # 115 Book #

	Date: ___/___/___	Page # 116
		Book #

	Date: ___/___/___	Page # 117
		Book #

	Date: ____/____/____	Page # 118 Book #

	Date: ___/___/___	Page # 119
		Book #

	Date: ___/___/___	Page # 120
		Book #

Made in the USA
Monee, IL
10 August 2021